一個人的快樂蔬食餐

蔬食高手　王舒俞　著

自序

王舒俞

我的親友團中有不少人是獨居在外的單身貴族，前陣子大家接二連三的去做健康檢查，赫然發現這些正值年輕的上班族不論是葷食者或素食者的健康竟然都有問題，不是輕微高血壓，就是膽固醇、三酸甘油酯偏高，或吃成貧血，連輕微脂肪肝都有。於是大家相聚一同討論彼此飲食習慣的差異性，發現唯一的共通點就是——長期外食。

於是有人開始每日親自下廚房，不到半年，很明顯的，高血壓等的這些數值都有明顯的下降，看來，自己煮食真的有其必要性。於是有人問我：自己煮該有哪些變化才好呢？自己煮遇到的疑問好多，該怎麼辦呢？有許多下廚的小細節都不清楚，做的飯可能好吃嗎？

我綜合了親友團給的意見，選擇到處可見的食材，作法要簡單快速又好吃，不需要廚藝，要融合我的家常菜，還考量到大家喜歡一些異國風的變化，也囊括了宗教素與健康素的朋友而擬出了這些簡單的套餐，希望讓大家一起動手玩一玩，讓餐桌也熱鬧起來。

僅可能每餐吃到許多不同種類和顏色的食物，就是執行飲食均衡的方法，不管葷食或素食都是一樣的，食物的種類越少，越有可能長期缺乏某類營養素，因此吃飯的時候不妨數一數，自己這一餐可不可以吃到十幾種的食物呢？

這一次成書要特別感謝台灣愛佳寶有限公司的葉國明先生，我們都稱他「大ㄟ」，大ㄟ真是海派與熱心，提供了許多美的要命的餐具使食物的演出更為豐富，真的非常感謝！還有麗玲和麗娜，放下繁忙的工作親自到拍照現場坐鎮，還有辛苦的攝影師王大哥細心地準備了許多道具，還有許多其他幕後的工作同仁，感謝每一位的參與而聚合了良好的緣分。

最後，願此書可以幫助大家邁向健康的蔬食之路，願此書能讓大家與我們的環境和所有有情生命共結一個善緣。

歡迎讀者來到我的部落格一起分享你我的蔬食廚房：
「藍山嵐煙の魔法廚房」http://blog.pixnet.net/suyu823

關於作者

六年級前段班的處女座，二十二歲時正式開始茹素，家庭主婦是主業，個性安靜溫和卻有個調皮搗蛋的兒子。學的是比較宗教學系，最喜歡思考抽象的道理以及開發自我本有的潛在能力。近年來熱中DIY，曾經沉迷在製作手工皂和西點烘焙裡。

在美國求學期間被不良的素食環境激發出求生存的本能，最愛研究把素食變的又香又好吃還要吃很飽，除了自己愛吃，也是為了要祕密地把吃葷的老公改成吃素，結果成功了，除了用自己的人生來證明蔬食的益處，更希望分享經驗來讓更多人發現蔬食的美好。最近熱中禪修，決定成為下半輩子的人生目標。

目錄 Contents

吃麵

目錄 Contents

吃飯

好小塊狀而且在保鮮盒中僅量不要堆疊的太緊密再移入冷凍庫冰存，如果不先切小塊及分散一點空間，冰過之後可會結成一個硬梆梆的大冰塊，一個人通常吃不完那麼多分量，要等到解凍則非常耗時，因此切小塊分散著冰是很重要的事前準備。

另外花椰菜、蘑菇、綠竹筍等等可以汆燙之後瀝乾再冰入冷凍庫，大約一至二週之內就要使用完，因為蔬菜中的水分會隨著冰凍的時間而漸漸流失，冰太久等到要吃時只剩味同嚼蠟的粗纖維了。

焗烤專用的新鮮起司雖然是放冷藏室，一旦開封後超過一個月也是有局部發霉的可能性，這時候也可以分成密封小包裝移入冷凍庫延長冰存的時間（約四至五個月），不過隨著冷凍的時間越長，起司會越乾燥，焗烤之後吃起來也相對會沒那麼濕潤。

另外，澱粉類的食物也適合冷凍，例如包子饅頭或麵包皆是，只要密封得宜，解凍加熱之後口感不會差的太多，唯要注意如果密閉不全，很容易吸收冰箱中的異味，反而成了吸臭工具了喔！

4.選擇可以放較久的冷藏或冷凍加工品

超市裡有許多可以久放的食品是用真空冷藏包裝，例如水煮綠竹筍或半醃製的劍筍和桂竹筍等等，方便應用在菜餚上，或選擇已經調理好的冷凍包裝食品，加熱之後立即可食，非常方便，某些廠牌吃起來也不會太差。常見的有百頁豆腐、調味素雞卷、素肉片、素鰻魚、素魚片、素海鮮或冷凍的油炸餡餅、烙餅、鬆餅、以及已烹調好的菜餚等等的加工品，雖然這些調味加工的食物不宜長期吃，但卻可以在來不及做飯或食材短缺時在冰箱的某個角落找到它們，意外地為自己加加菜。

素食的營養均衡配方

每一種食物都含有各種營養素，只是比例高低不同而已，所以要吃的營養均衡，指的正是攝取的食物種類要多樣化，而不是聽聞哪一類食物有什麼營養就只吃那一種，某一種的養分過多也會造成健康上的問題。對於素食者，食物攝取的種類要更加寬廣多樣才能符合每一階段的人生需求。

除了常見的豆類與各種根莖葉菜花果類蔬果中就含有大量的蛋白質、維生素與礦物質之外，更可以選擇多穀類來增加食物的攝取種類。還要注意海藻類（紫菜或海帶）與堅果類（花生芝麻腰果等等）的攝食，因為那也是重要的礦物質來源，例如黑芝麻就有很高的鐵質和鈣質，而海帶類則有其他植物性食物都不含的維生素B_{12}（奶素或奶蛋素者由奶蛋中即可獲得），不過體內的B_{12}是能儲存並可重複使用的，不需要因此就大量吃海帶類食物。

一日之中要留意攝食的蔬菜水果顏色要多樣化，就可以得到各種來源不同的營養素，如果有一餐吃的簡單沒關係，下一餐就要吃的多樣化一點。每次做菜用的油也可以常換不同的種類與品牌，例如上次買橄欖油，下次就買葡萄籽油，而豆漿和鮮奶也都可以交換著喝，換來換去反而能囊括更多不同的營養。

一個人吃飯不論是自己煮或外食都要留意攝食的多樣化就是飲食均衡的方法喔！

吃麵

關於麵條

乾麵：準備這種麵條最方便了，要吃的時候隨時就能取用，只要保存良好，不受潮或被蟲蛀，可以儲放很久。市面上的乾麵種類眾多，中西日式皆有，口感也各異，這種麵條最推薦一個人時使用。

鮮麵：市場上或超市冷藏櫃裡都有新鮮麵條，開封後最好在一週內食用完畢，如果一時吃不完可以密封放入冷凍櫃中保存約半個月，要煮的時候不用退冰，直接入滾水裡煮，以筷子慢慢攪散開來即可。冷凍過久的麵條水分會被分離出來，麵體會糊化而且失去彈性；如果沾染冰箱裡的異味時就不宜再食用。油麵已是熟麵，食用前要快速汆燙，去除鹼味和多餘的油分，過了水就要吃完。

關於高湯

湯麵要好吃，高湯是重要的靈魂，如果不費些心思弄湯頭，吃起來的蔬菜湯麵就會像鹽水泡燙青菜，看起來和嚐起來完全兩回事喔！

因此假日買菜回來時，花一點時間順便熬好一鍋高湯，就可以用上一個禮拜，不論是煮麵煮湯或炒菜都可以使用高湯，鮮味絕不輸外面餐館賣的。

做高湯很簡單，只要是久煮不化的甜味蔬菜或根莖類都可以隨意丟下去煮，例如：白蘿蔔、胡蘿蔔、昆布、西洋芹、高麗菜、大白菜、白花椰菜莖、玉米、大頭菜、黃豆芽等等。高湯的味道應該清甜而不突出，才可適用於各種菜餚上。

以下簡單舉例三種基本高湯組合：

1.高麗菜四分之一顆＋中小型胡蘿蔔一支＋西洋

芹二支＋十至十二碗的水

2. 黃豆芽一盒約一百五十公克＋中小型胡蘿蔔一支＋玉米一根＋十至十二碗的水

3. 大白菜三分之一顆＋中型白蘿蔔三分之一支＋老薑數片＋十至十二碗的水

作法

只要水煮開後加蓋轉小火再煮約三十至四十分鐘即可，不需調味。

煮好的高湯放涼之後要瀝去菜渣，裝入大的果汁空瓶中放入冰箱冷藏保存，約可保鮮一週。如果做成高湯小冰塊就可以保存更久，每次做菜或煮湯只要放個幾塊就能提鮮味，非常方便。高湯還可以濃縮到約一半的水量，可以節省冰箱儲放的空間，使用時加水就能稀釋還原。

特殊高湯口味：只要在基本高湯中多加一種味道濃郁的食材熬滾就有不同的風味變化。例如：番茄、乾香菇或檸檬香茅葉等等。

萬一想吃湯麵的那一天剛好沒有高湯可使用，那該怎麼辦？

本書裡的湯麵食材本身就可以做成高湯喔！只要水滾後先放入耐煮的蔬菜，多煮上十幾分鐘後才放入其他食材，蔬菜本身的部分甜味就能先釋放到湯裡。所以沒有事前準備高湯也不必擔心湯頭會太差！

另外，市面上有賣素食者可用的高湯粉也是個不錯的替代方案，通常開封後都要儲放在冰箱，否則容易受潮而結塊，因為風味各異，多嘗試幾個不同的牌子就能找到喜歡的口味了。

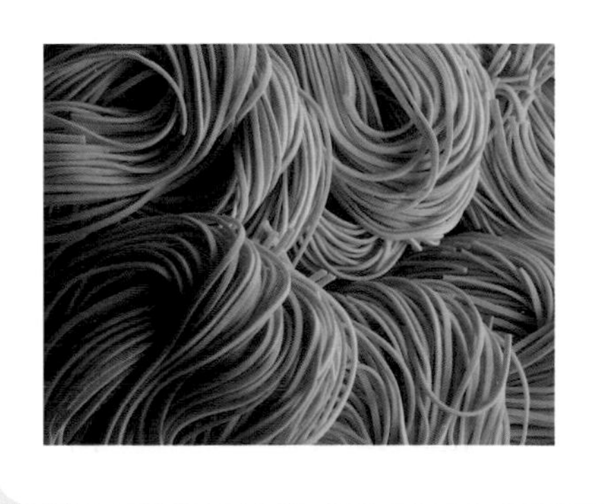

青翠麻醬涼麵

吃上一口就讓你雙眼發亮的夏日涼滋味！

材料

豆皮1塊，汆燙後切細絲／胡蘿蔔絲15公克／小黃瓜半條，切細絲／碗豆嬰15公克，汆燙／油麵一人份，煮熟

調味料

薑泥1小匙／芝麻醬1.5大匙／細砂糖1小匙／醬油1大匙／花生粉1/2大匙／素蠔油1/2大匙／開水2大匙

作法

將材料都準備妥當之後，把所有的調味料仔細的攪拌在一起，最後淋在麵上即可食用。

NOTE

1. 油麵要快速燙過以去掉鹼味和油分，用普通麵條也可以。
2. 豆皮略微煎過再切絲會更香更好吃。

給吃健康素的朋友：在調味料中加上1/2小匙的蒜泥。

番茄西瓜湯

材料

番茄1個／紅白交界處的西瓜果肉適量／豆皮1片／鮮香菇2朵／香菜適量／高湯1碗或高湯粉少許

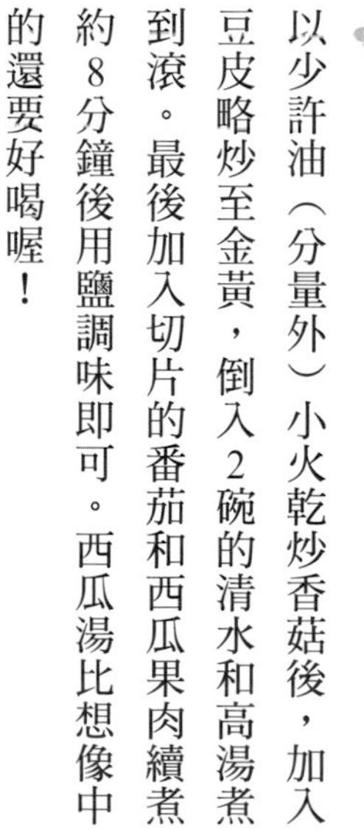

作法

以少許油（分量外）小火乾炒香菇後，加入豆皮略炒至金黃，倒入2碗的清水和高湯煮到滾。最後加入切片的番茄和西瓜果肉續煮約8分鐘後用鹽調味即可。西瓜湯比想像中的還要好喝喔！

NOTE

冬季時可以用青木瓜或大黃瓜替代。

暖陽光鍋燒麵

鮮明的暖陽光色調，
甜美的鮮滋味毫無保留的釋放而出。

材料

南瓜30公克，連皮切薄片／油炸豆皮圈約3塊／玉米1/2條，切塊／胡蘿蔔1/3條，切片／榨菜1片／金針菇1/2包／乾海帶芽少許／鍋燒麵一份／高湯或清水3碗

調味料

鮮美露約1/8小匙／鹽適量

作法

高湯和榨菜片一起煮到滾，接著放入玉米、胡蘿蔔、南瓜加蓋一起燉煮約10分鐘以上，南瓜會碎成糊狀。接著加入金針菇、乾海帶芽和油炸的豆皮圈，再燉煮約5分鐘後，加上調味料和麵條即可食用。

NOTE

1. 油炸豆皮已經有油脂，所以這道湯麵不必再加油脂。如果怕炸豆皮圈太油，可用熱水沖洗一下再放入湯中燉煮。
2. 南瓜要儘量切薄片，燉煮之後才會完全融化在湯中，成為好看的金黃色。
3. 鍋燒麵麵條比較粗，超市常見真空的熟麵條包裝，也可以用常見的拉麵替代。

涼拌沙茶嫩豆腐

材料

嫩豆腐1盒

調味料

醬油1小匙／細砂糖1/4小匙／薑泥1/2小匙／沙茶醬1/2小匙／香油少許／香菜適量

作法

將豆腐倒去多於水分置於盤中，調味料全數攪拌完全後淋上即可。

珍味大滷麵

料多味美的湯麵，
還有雲彩似的豆皮花，
看起來就有一種滿滿的幸福感。

材料

香菇2朵，切絲／四季豆40公克，切段／胡蘿蔔50公克，去皮切片／素火腿40公克，切絲／竹筍80公克，去皮切片／嫩豆皮10公克，隨意切碎狀／黑木耳30公克，切絲／乾金針花10公克，泡水／高湯2碗／寬麵條一份，煮熟

調味料

素蠔油1小匙／黑醋1/2大匙／甜麵醬1大匙／鮮美露1/8小匙／白胡椒粉少許／太白粉水適量／鹽少許

作法

用一大匙沙拉油爆香香菇、素火腿和甜麵醬後，加入高湯煮滾。

加入所有材料再次煮滾約10分鐘，加入調味料，再用太白粉水芶芡成濃稠狀。

把羹湯加入煮熟的寬麵條後，淋上香油和少許胡椒粉。（亦可撒上香菜）

給吃健康素的朋友：多加2瓣碎紅蔥頭一起爆香。

涼拌辣小黃瓜片

材料

小黃瓜1至2條，切薄片

調味料

辣豆瓣醬1/2小匙／白醋1/4小匙／細砂糖1/4小匙／香油1/4小匙／紅辣椒適量／鹽約1/2小匙

作法

小黃瓜切約0.5公分的薄片比較省時易入味。撒上鹽攪拌均勻靜置約10分鐘後，以開水洗掉鹽分。再將調味料和醃過的小黃瓜片攪拌在一起，再靜置約10分鐘後即可食用。

傳家鮮茄紅燒湯麵

口味足以傳家的經典湯麵，豐富的調味令人驚豔萬分。

材料

中型番茄1個，切塊／西洋芹1根，去粗纖維，切小段／素羊肉或素肉塊適量／胡蘿蔔1/2條，切塊／青菜數棵，切段／老薑2至3片／拉麵條1份／水約3至4碗

調味料

豆瓣醬1大匙／辣豆瓣醬1/2大匙／醬油1小匙／冰糖1/2小匙／乾豆豉1/2大匙

香料包：甘草1片／大八角2個／花椒1/2小匙／月桂葉2片（可不加）／五香粉一小撮

作法

用一大匙的油爆香老薑之後，依序加入番茄、胡蘿蔔、西洋芹拌炒。接著加入3碗清水煮滾後，加入調味料與香料包以及素肉塊維持小火續滾約20至30分鐘。

在空檔期間另起一鍋把拉麵煮好並裝碗備用，小白菜也汆燙好，擺放在麵條上。

試喝煮好的紅燒湯，用鹽調整鹹濃淡，接著取出香料包丟棄，將湯淋在麵條上即可食用。如果有酸菜，切碎放上去更添香味。

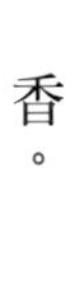

給吃健康素的朋友：用約1/5個中型洋蔥和老薑共同爆香。

NOTE

1. 香料包的袋子，多為不織布材料，用過就可以丟棄，如果沒有用袋子裝好，舀湯時要避開香料素材。五香粉在超市香料區有售。月桂葉的說明請看p72。
2. 番茄燉煮後皮會脫落，可以將它撈除，或事前在整粒番茄表皮輕畫數刀再汆燙之後皮就很容易撥掉了。如果買到的番茄剛好不夠酸，可以在湯裡加少許黑醋，有加分的效果喔！
3. 素羊肉：香菇頭做成，有纖維的嚼勁，一般認為口感像羊肉所以有此稱呼。耐燉耐煮，有一種獨特的芳香味。冷凍庫保存。素料專賣店有售。

清炒秀珍菇

材料

秀珍菇100公克／小黃瓜1條，斜切成條狀／紅辣椒適量／薑絲1/2小匙

調味料

醬油1/4小匙／鹽適量

作法

用少許油炒香薑絲之後，倒入全部的材料共炒，加一點水，再加入調味料即可。

給吃健康素的朋友：與切段的青蔥一支共炒。

珍香酸辣湯麵

配料豐富的湯頭，吃香喝辣隨你意。

材料

胡蘿蔔絲20公克／榨菜絲10公克／高麗菜絲40公克／乾香菇2朵，泡水之後切絲／豆腐100公克，切條狀／筍絲40公克／木耳絲30公克／乾素肉絲10公克，泡水發漲／高湯2至3碗／煮熟的拉麵一份／香菜少許

調味料

鮮味露1/8小匙／白醋1/2小匙／黑醋1/2小匙／白胡椒粉約1/8小匙／太白粉水適量／香油適量

作法

用油爆香榨菜絲和香菇絲之後，加入水和所有食材，煮上20分鐘，最後加入調味料後芶芡，以鹽調味。食用前加上適量的香菜即可。

給吃健康素的朋友：調味料中加上1/2小匙的蒜末共煮。

NOTE

白醋與黑醋的酸度和香氣各有千秋，自己也可以試出私房比例喔！

清脆黃豆芽

材料

黃豆芽200公克、小黃瓜絲適量、胡蘿蔔絲適量

調味料

香油1/4小匙／醬油1/2小匙／細砂糖1/4小匙／鹽1/4小匙

作法

將黃豆芽用加一點鹽的水快煮燙熟撈起，稍微瀝乾後再和其他材料與調味料拌勻即可。喜歡辣則可以拌入辣椒醬。

鮮脆七味乾拌麵

準備起來簡單快速的乾拌麵，美味與口感一點也不打折！

材料

煮好的麵條一份／金針菇1/2包，汆燙／青菜數棵，汆燙

調味料

豆瓣醬1/2小匙／辣豆瓣醬1/4小匙／甜麵醬1/2小匙／素蠔油1/4小匙／細砂糖1/4小匙／素沙茶醬1/4小匙／開水1小匙／香油1/4小匙／花生粉1/2小匙

作法

將煮好的麵和配料都準備在大麵碗中，將調味料仔細的混合均匀後，倒入麵碗趁熱攪拌即可食用。

NOTE

1.金針菇和麵條和在一起吃，會變的十分鮮脆爽口。

竹笙燉筍絲湯

材料

竹笙約5根，洗淨後用滾水泡開／綠竹筍1支，去皮切絲／乾香菇2朵，泡開切絲／柳松菇1/2包約50公克／清水2至3碗／香菜適量

調味料

黑醋約1/2小匙／鹽適量／香油適量

作法

用約2至3碗的冷水加鍋蓋將筍絲和香菇煮到滾，約30分鐘煮到湯的鮮味都出來後，加入其他的材料與調味料再煮約3分鐘即可。

NOTE

台灣夏天盛產的綠竹筍直接煮湯味道十分鮮美，其他季節可以買冷藏的真空沙拉筍替代。

辣泡菜味噌麵

清甜的湯頭配上鹹鹹的味噌，泡菜的微辣也跟著跳躍出來。

材料

油豆腐約100公克，切條／乾海帶芽1/2大匙／黃豆芽50公克／芹菜末1大匙／金針菇1/2包／胡蘿蔔片30公克／高湯或清水2至3碗／拉麵一人份／泡菜適量

調味料

味噌1大匙／鮮美露1/8小匙

作法

高湯煮滾之後，放入黃豆芽、胡蘿蔔片、乾海帶芽一起煮約10分鐘。接著放入調味料與油豆腐、金針菇一起共煮5分鐘。將煮好的湯倒入事先煮好的麵條裡，食用前在上頭鋪滿喜歡的泡菜即可。

NOTE

1. 台式泡菜：高麗菜200至250公克隨意撥小片，加入適量胡蘿蔔絲和少許紅辣椒絲，用1/2大匙的鹽醃製約15分鐘後，用開水洗掉鹽分。加入白醋1大匙、細砂糖1大匙拌勻靜置約10分鐘後即可食用。
2. 韓式泡菜：白菜約6大片或200公克切段，用1/2大匙的鹽抹勻在每一片葉片上再醃製約15分鐘後，用開水洗掉鹽分。加入芹菜末1大匙、細砂糖1/2小匙、辣豆瓣醬1小匙以及細韓式辣椒粉1大匙、白蘿蔔和胡蘿蔔絲適量、昆布高湯粉或一般高湯粉少許，攪拌均勻後醃製約半天或隔夜即可。夏天可以移入冰箱。

給吃健康素的朋友：韓式泡菜裡可以多加一小支切段的青蔥和一瓣大蒜末醃製。

海苔四季豆卷

材料

四季豆150公克，去絲不切段／壽司用大海苔片3張／無蛋沙拉醬適量／素香鬆適量

作法

將四季豆燙熟，瀝乾水分，放涼之後取約1/3的分量，擺放於海苔片上，擠上沙拉醬和素香鬆之後小心的包捲起來，用刀切成數段方便食用即可。

滋補當歸湯麵

溫厚甘醇的當歸香，
喚醒在記憶深處溫暖的回憶。

材料

牛蒡約取10公分長，連皮切薄片／乾香菇1朵，泡開切片／老薑2至3片／素肉塊或素羊肉適量／水或稀釋的高湯2至3碗／煮好的麵條一份

調味料

當歸約1片／川芎約2片／甘草1/2片／黃耆2片／人蔘1小片／枸杞1小匙

作法

用少許油爆香老薑和香菇之後，加入水煮到滾。
加入其他所有的材料，煮滾之後維持小火再煮約15至20分鐘。用鹽調味即可加入麵條食用。

NOTE

1. 冬天時也可以用麻油來爆香，吃起來會更滋補，氣味也更芳香。
2. 可以用電鍋來燉湯，麵線也可取代麵條。

醬淋燙青菜

材料

時令蔬菜1把

調味料

薑絲約1/2大匙／素蠔油1小匙／細砂糖1/4小匙／黑醋1/4小匙／開水1小匙／香油少許

作法

將所有調味料混合均勻後靜置備用。

青菜洗淨切段，入滾水快速汆燙之後瀝乾，將醬料淋於青菜上即可。

經典茄汁義大利麵

最順口又耐吃的經典風味，
絕對滿意你的心又滿足你的胃。

材料

番茄糊Tomatos paste約2大匙／蘑菇1/3盒約100公克，切片／素肉碎2大匙，泡開／中小型番茄1個，切片／玉米筍約5支，切絲／素火腿30公克，切絲／青椒1/2個，切絲／青菜2至3棵／義大利麵一人份

調味料

俄力岡少許／細砂糖少許／鹽少許／黑胡椒粉和起司粉適量

作法

用一大匙油乾炒蘑菇片，直到出水變潮濕之後（可以先撒一點鹽），加入素火腿炒到香味飄出，接著才加入其他食材約略拌炒後加入番茄糊和半碗清水。再用鹽和細砂糖調味，加入俄力岡，放入青菜。

加入煮好的義大利麵條攪拌均勻，可以視狀況略煮到湯汁能剛好附著在麵條上即可。食用前撒上起司粉和黑胡椒粉。

給吃健康素的朋友：大蒜1瓣切末和中型洋蔥1/4個切絲，先炒到微黃再加入蘑菇片炒。

NOTE

1. 進口的純番茄糊罐頭濃度很高，可以稀釋成番茄泥，很方便使用，顏色也很鮮豔。
2. 煮義大利麵要在水裡添加少許鹽和油，煮約九分熟即可撈起。最後倒入炒鍋中和番茄醬汁混合後再煮到全熟會更入味。
3. 俄力岡又稱披薩草，是一種披薩常用的香料，可以做出道地口味的披薩或番茄義大利麵。

水果萵苣沙拉

材料

美生菜或蘿蔓心適量／蘋果半個，切丁／柳丁半個，切片，去皮

調味料

無蛋美乃滋3大匙／柳橙汁1大匙／檸檬汁1/2大匙／細砂糖1/2大匙

作法

將調味醬攪拌均勻淋在水果上即可。

吃飯

米飯千變萬化，而且也很容易準備，白飯可以上班前就按下電鍋蒸，回到家來的米飯雖然冷了，卻能直接拿來做炒飯或煮成粥，如果沒吃完的米飯也可以放入冰箱，可以冰上好幾天也不會壞，是變化很多又不容易生膩的主食。

多樣化的食物總類才能兼顧素食的營養，雖然一個人要準備多變的食材非常麻煩，若是在主食上做一些小變化，例如不要只吃白米，每次都添加不同的穀物就可以使食物來源多樣化。

市面上有已經調配好的五穀米或十穀米包裝是個良好的選擇，也可以單買一些穀類（小麥大麥、燕麥、蕎麥、小米等等）、豆子堅果類（紅豆、黑豆、黃豆、蓮子、花豆、花生、芝麻、腰果等等）搭配性的添加在白米中一同煮食，因此變化很多，也不易生厭，混合穀類煮出來的飯會有不同的香氣，更能增加一個人用餐時的樂趣。

米飯的煮法

各類米的煮法有些許差異性，因為總類的不同，吸水性也會有不同，有的需要稍微浸泡才好吃，有的則是煮好後要燜數十分鐘才好吃，正確的煮法建議詳讀包裝上的解釋。

一般而言，非白米的穀類因為都帶著薄皮所以較難煮軟，皆需要在煮之前泡水數小時或浸上一夜，對於忙碌的上班族而言比較不方便，另有一個縮短浸泡時間的方法：將穀類用滾燙的熱水保溫浸泡約半小時，或另外用小鍋子稍微煮一下，蓋上鍋蓋燜上十幾分鐘再和白米一同蒸煮，就能節省冗長的浸泡時間。

但是每一種穀類因為厚度或吸水性不同，所需的時間也不盡相似，建議還要多加嘗試才能找到最短的時間點喔！另外，雖然才一個人吃，還是建議一次煮飯最少都煮上兩杯米，一杯米比較不好煮，因為水量和時間長短比較難控制，所以一次煮多一點也方便不必每天煮飯，吃不完的白飯加蓋放冰箱，隔日可做成炒飯或稀飯，或短時間蒸一下就像新煮的一樣好吃喔！

白飯的簡單再利用

除了配菜吃飽之外，已經煮好的白飯還能有哪些變化？

煮成粥：先用乾香菇、素火腿或蘿蔔乾來爆香，加入高湯之後，隨意放入筍絲、白蘿蔔、芹菜等等再加入白飯煮就是好吃的鹹粥了。

炒飯：用冷飯做炒飯最為合適，因為米粒冰硬之後比較乾，不會炒成糊爛的狀態。

燉飯：比稀飯的口感更濃郁，像比較濕的飯，沒有稀飯那麼湯湯水水。

飯糰與壽司：用海苔和新鮮配料包捲起來吃，簡單又方便外帶。

打米漿：用五穀飯更好，加幾粒花生或花生醬和芝麻粉加開水一起打，就是超香濃的米漿了。

做冰淇淋：將約1/2碗白飯、1至2碗的全脂鮮奶和3大匙鮮奶油、適量的細砂糖和少許香草粉一起放入果汁機裡攪打成細密的濃稠狀，然後倒入淺盤移入冷凍庫，每半小時拿出來挖鬆一次，就會成為香草牛奶冰淇淋。隨意放入水果果醬就能變化不同口味。

招牌沙茶青椒燴飯

只要吃一口就保證會忍不住連吃好幾碗的超美味燴飯。

材料

青椒30公克，切絲／乾素肉絲10公克，泡軟／素火腿30公克，切絲／鮮香菇2朵，切絲／蘑菇4至5朵，切片／玉米筍3至4支，直向切絲

調味料

素沙茶1小匙／素蠔油1/2小匙／甜麵醬1/2小匙／豆豉1/2小匙，壓碎／辣豆瓣醬1/2小匙／細砂糖1/4小匙／鹽適量／太白粉水適量

作法

用一大匙的油先爆香香菇與素火腿之後，加入除了太白粉水之外的所有調味料一起拌炒。加入其餘的材料一起拌炒之後，加約半碗的清水煮約3分鐘，試吃一下，用鹽或清水調整鹹度。用太白粉水勾芡成濃稠的流動狀即可熄火，趁熱淋在白飯上食用。

給吃健康素的朋友：用約1/5個中型洋蔥切絲爆香才接著加入香菇與素火腿。

NOTE

素沙茶醬本身即有辣味，不敢吃辣的人可以酌量調整辣豆瓣醬的用量。

金針花酸菜湯

材料

乾金針花1小撮，泡開／酸菜絲適量，先泡水／金針菇1/2包／高湯1碗

調味料

白胡椒粉適量／香油適量／薑絲約1大匙

作法

高湯和清水各一碗煮開後，加入薑絲和酸菜絲先煮個5分鐘，最後再加入其他材料、鹽調味即可。熄火後撒上香油與白胡椒粉。

堅果芝麻醬沙拉

材料（堅果都要烤過）

生菜數片／胡蘿蔔絲2大匙／南瓜子1大匙／加州杏仁1大匙／腰果適量

調味料

無蛋美奶滋3大匙／無糖芝麻粉1.5小匙／開水1大匙／細砂糖1小匙

作法

將調味醬攪拌均勻淋在生菜上即可。

聞香咖哩蔬菜飯

香甜順口的蔬菜咖哩，
讓不餓的人也食欲大開！

材料

西洋芹1根，用手折斷去絲／白花椰菜50公克，切小朵／馬鈴薯1/2個，去皮，切小丁／番茄1/2個，切碎／胡蘿蔔1/2根，切丁／高湯2碗／薑末1/2大匙／月桂葉1片

調味料

咖哩撥成一小塊／醬油1/4小匙

作法

用一大匙的油炒香馬鈴薯小丁，直到有馬鈴薯的微焦香味飄出，其間要不停翻炒以免黏鍋，再加入薑末一起拌炒。

接著加入其他蔬菜材料一起拌炒均勻之後，倒入高湯和月桂葉及醬油，蓋上鍋蓋，燉煮約20分鐘，中途要不時翻攪一下，以免水分蒸發太快而黏鍋燒焦。

檢查馬鈴薯已經煮的軟爛易化的狀態之後，加入咖哩塊攪拌到融化，用清水調整全體的濃稠度，再蓋上鍋蓋，以小火繼續煮約5分鐘。

試吃鹹度，可以加鹽或再多一點點咖哩塊來調整，最後取出月桂葉丟棄

即可淋在白飯上食用。

給吃健康素的朋友：用1/4個中型洋蔥和馬鈴薯共炒。

NOTE

隔一夜之後的咖哩醬汁會更入味好吃，也可以用來乾拌麵或加入高湯和其他蔬菜煮成咖哩湯麵喔。

甜芋清湯

材料

中小型芋頭1個，切成3公分方塊／薑片數片／金針菇1/2把／香菜適量

調味料

鹽少許／白胡椒粉少許

作法

清水3碗煮滾之後放入芋頭塊和薑片煮約10分鐘後，加入金針菇，以筷子測試芋頭塊中心是否煮軟，可以輕鬆穿過之後就可熄火，不要煮成糊。用鹽調味後撒些白胡椒粉和香菜即可。

給吃健康素的朋友：可以切一支青蔥共煮。

NOTE

芋頭可選用超市裡已經切好的真空方便包，分量較剛好又可以節省處理的時間。

甜椒醬燒飯

鮮豔討喜的顏色，讓吃飯的心情也跟著飛揚起來。

材料

甜椒醬：紅椒100公克，隨意切小塊／青椒約20公克／薑絲約1/2大匙／番茄醬1大匙／細砂糖1/4小匙／醬油1/2小匙／水2大匙／太白粉水少許

燒飯：素火腿丁40公克／青豆40公克、／蘑菇4朵，切丁／甜椒醬3至4大匙／白飯一人份

作法

用適量的油炒香薑絲和紅、青椒塊後，加入其他的調味醬材料翻炒，用太白粉水芶芡成微稠狀，接著全數倒入果汁機中攪打，即成甜椒醬。同一個鍋子再倒入約一大匙的油，先炒香素火腿片後，再加入青豆和蘑菇片拌炒，加入甜椒醬之後再加鹽調味，最後倒入白飯炒至水分收乾即可，不要久煮變爛。

給吃健康素的朋友：用一瓣大蒜切碎與薑絲共炒。

NOTE

也可以用義大利麵替代米飯，加些自己喜歡的蔬菜，就成了甜椒醬義大利麵。

香菜豆皮餅

材料

嫩豆皮兩份，小心打開成長條狀／香菜約1把，切碎末狀

調味料

太白粉適量／白胡椒粉適量／鹽適量

作法

將攤開的潮濕豆皮撒上少許鹽巴，再撒上一層薄薄的太白粉，最後鋪上香菜末，再均勻撒上太白粉與少許鹽和白胡椒粉，小心的把豆皮包合起來，香菜會被包在豆皮中間層。包好後輕微壓一壓，讓它緊實不要太散，也讓豆皮內的水分都能浸透，使調味均勻。

用平底鍋煎成兩面金黃即可。煎熟後就會黏合成一片。

素羊肉冬瓜湯

材料

素羊肉約4至5塊／冬瓜200公克／薑絲1大匙／枸杞少許／清水或高湯2碗

調味料

鹽適量

作法

把所有材料一起放入電鍋中蒸約半小時即可。

NOTE

素羊肉：香菇頭做成，有經過調味，有纖維的嚼勁，一般認為口感像羊肉所以有此稱呼。耐燉耐煮，有一種獨特的芳香味。放入冷凍庫保存，素料專賣店有售。

紫茄醬燴飯

茄子配九層塔，
最絕妙的下飯好滋味，
再多都可以吃光光！

材料

茄子1條，切滾刀塊／乾素肉碎1/4碗，泡開／九層塔適量／太白粉水少許／白胡椒粉適量／乾香菇1朵，切末

調味料

辣豆瓣醬2小匙／薑末1/2小匙／醬油1大匙／細砂糖1/4小匙／黑醋1/2小匙

作法

調味料全部攪拌均勻備用。

煮滾的水中放入少許鹽巴，將茄子切成約0.8公分均厚的切片，放入鍋中燙約30至40秒之後撈起備用。

炒鍋中放入一大匙油，將調味料全部倒入爆香之後，放入泡開的素肉碎、香菇一起拌炒，加約3/4碗的水，再放入九層塔葉快速拌炒均勻。

用太白粉水勾芡之後再倒入燙好的茄子片拌炒數下即可熄火，撒上白胡椒粉，將醬料淋在白飯上食用。

給吃健康素的朋友：調味料中多加一瓣的大蒜末。

NOTE

用滾水燙茄子時要一直翻動，使茄子片受熱均勻顏色才會一致。

木耳膠質鮮味湯

材料

乾白木耳約1朵，泡開／乾黑木耳約1小撮，泡開／鮮香菇40公克，切片／乾珊瑚草5公克，泡開／乾蓮子25公克／薑絲2大匙／高湯2至3碗

作法

全材料切成小碎狀用電鍋煮約1小時即可，煮越久膠質越能釋放而出。食用前加鹽（分量外）調味，也可以加細砂糖成為甜品喔！

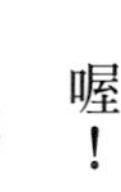

NOTE

乾珊瑚草在大超市乾貨區或有機食品專賣店中皆有售。

的醬汁狀即可。

給吃健康素的朋友：先用3瓣切碎的紅蔥頭爆香才接著加入其他爆香材料。

NOTE

1. 選外皮飽滿帶有泥土，按壓硬硬的新鮮荸薺，吃起來不但脆度高，鮮甜味才足夠。用水果刀像削蘋果皮那樣的去皮法比較方便，新鮮的荸薺肉是白色的，會因為接觸空氣而慢慢變色。
2. 脆花瓜是配稀飯吃的罐頭小黃瓜，或用脆菜心取代也可以。
3. 做好的素肉醬不只可以拌飯拌麵也可以當湯麵的調味醬。

清甜蘿蔔地瓜湯

材料

中小型地瓜1個，切塊／胡蘿蔔1/3條／薑片數片／清水2碗

作法

材料全數放入鍋中及少許細砂糖（分量外），用電鍋蒸約半小時即可。

味噌醬沙拉

材料

美生菜／小黃瓜絲／葡萄乾／胡蘿蔔絲／番茄片，皆適量

調味料

無蛋沙拉醬2大匙／味噌2小匙／開水3大匙／細砂糖1小匙

作法

調味醬攪拌均勻後淋上即可。

爽口飯糰

方便帶著走的一餐，
也可以當成便當或出外野餐。

材料

小黃瓜1至2條，縱切成長條狀／海苔1至2片／生菜絲適量／素肉鬆適量／蘿蔔乾或脆菜心適量／無蛋沙拉醬適量／長糯米1杯，洗淨

作法

將糯米瀝乾，接著加入約3/4杯量米杯的水，外鍋約1杯的水放入電鍋蒸熟。

準備一個乾淨塑膠袋，裡面套一塊方形擦手巾或抹布。

趁熱將煮好的糯米飯平鋪在隔著塑膠袋的手巾上，在米飯上擺放所有材料，之後擠上沙拉醬，小心的隔著塑膠袋將材料包裹起來即可。

一量米杯的糯米約可做成1.5個飯糰。

NOTE

1. 材料變化很多，如果有新鮮油條就可以做成傳統口味飯糰。也可以使用苜蓿芽來替代生菜。
2. 糯米也可以泡水約四個小時後瀝乾，內鍋不放水來蒸熟，泡水過後如果還加水蒸就會太糊爛而無法粒粒分明。

菇味海帶芽湯

材料

新鮮香菇約2至3朵，切片／蘑菇約3至4朵，切片／金針菇1/2包／海帶芽乾2大匙／薑絲適量／高湯2碗

作法

用少許油先在湯鍋中炒香薑絲、香菇和蘑菇片一直到菇片出了水，而且變成金黃色。加入高湯和海帶芽乾一起煮滾，加入分成絲的金針菇後再續滾上3分鐘即可。

韓式辣豆芽拌飯

想要吃香吃辣吃過癮，
選擇這一道就對啦！

材料

黃豆芽30公克、小白菜或油菜1至2棵，切小段／豆皮半片，切絲／鴻喜菇約100公克／高湯約半碗

韓式醬汁

薑末1/2小匙／芹菜末1/2大匙／黃豆醬1/2大匙，稍微壓碎／白味噌1/2大匙／細韓國辣椒粉1大匙／香油1/2小匙／細砂糖1/4小匙／白芝麻適量／太白粉水適量

作法

用少許油爆香薑末之後，加入芹菜末和黃豆醬一起炒香，接著加入半碗清水或高湯，拌入味噌、細砂糖和韓國辣椒粉一起溶解煮開之後，用少許太白粉水芶芡成流動的醬汁狀，熄火後再加香油與白芝麻。此即為韓式醬汁。

另起一鍋清水加少許鹽巴，煮滾之後用來汆燙黃豆芽、青菜、鴻喜菇和豆皮，鋪放在準備好的白飯上，接著淋上先前做好的辣醬汁和香油，一起攪拌均勻即可。

給吃健康素的朋友：韓式醬汁中多加1/2小匙的蒜末和1大匙的洋蔥末爆香。

味噌油豆腐山藥湯

材料

油豆腐約2大塊／山藥1小截，切小丁／胡蘿蔔片少許／海帶芽適量／高湯2碗

調味料

味噌1大匙／醬油1小匙

作法

將高湯先煮開，放入海帶芽和油豆腐、山藥丁、胡蘿蔔片共煮到熟軟。

將味噌打散在滾湯中，加入醬油，續煮約3分鐘即可。

韓式醬拌冬粉

材料

本食譜中做好的韓式醬汁1份（p53）／冬粉1/2卷，汆燙後撈起／豌豆片約10片，切細絲／乾香菇1朵，泡開切絲

作法

用油爆香香菇絲之後加入醬汁和豌豆絲煮開，最後加入冬粉吸收湯汁，起鍋前再撒上香油即可。

烤麩燒飯

香香又下飯的醬油風味，有一種說不出的懷舊風。

材料

烤麩40至50公克，切片／白蘿蔔100公克，切薄片／胡蘿蔔80公克，切薄片／筍片60公克，切薄片／蘑菇100公克，切片

調味料

A：五香粉1/8小匙／醬油1大匙／細砂糖1小匙／鮮美露1/4小匙／小粒八角1個

B：太白粉水適量

作法

先將烤麩用少許油煎到兩面金黃盛起備用。

用少許油乾炒蘑菇片，撒上一點鹽炒到菇片變成金黃色而且出水之後，放入調味料A，加上兩碗的水一起煮開，放入蘿蔔和筍片共煮約10分鐘。加入烤麩後湯汁會被烤麩吸收，可看狀況再添加水分，最後用太白粉水芶薄芡，轉成小火，倒入白飯拌勻即可熄火盛盤。

NOTE

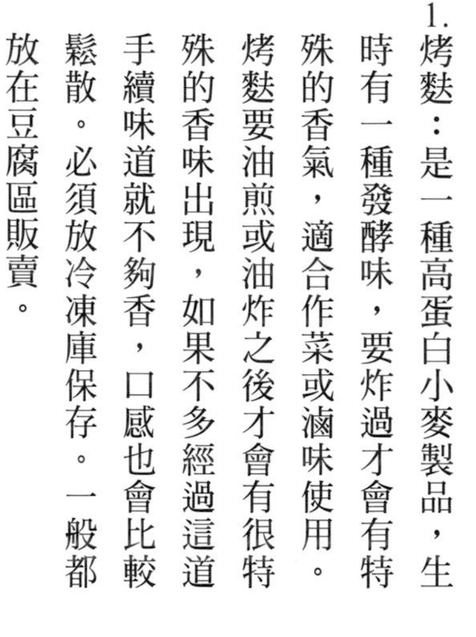

1. 烤麩：是一種高蛋白小麥製品，生時有一種發酵味，要炸過才會有特殊的香氣，適合作菜或滷味使用。烤麩要油煎或油炸之後才會有很特殊的香味出現，如果不多經過這道手續味道就不夠香，口感也會比較鬆散。必須放冷凍庫保存。一般都放在豆腐區販賣。
2. 烤麩像海綿一樣，很會吸油和吸水，所以用煎的油分要稍微控制，免得吃起來感覺油膩。
3. 蘿蔔和竹筍切薄片才容易在短時間內煮透入味。

翠綠羹湯

材料

菠菜約2株，汆燙之後瀝乾，切末／毛豆適量／山藥20公克，切丁／乾香菇約2朵，泡開切丁／胡蘿蔔1/4根，切丁／太白粉水適量／高湯2碗

調味料

鹽少許／香油少許／白胡椒粉少許

作法

用少許油在未加水的湯鍋中爆香乾香菇，倒入高湯煮滾，放入其他材料煮熟，要起鍋之前才加入菠菜末，用太白粉水芶芡，用鹽調味後撒上香油和白胡椒粉即可。

松子起司野菇焗飯

香噴噴的焗飯套餐，
把香菇的氣味與起司完美的融合在一起。

材料

大朵新鮮香菇2至3朵，切小丁／蘑菇4至5朵，切小丁／杏鮑菇1支，切小丁／松子1大匙／西洋芹嫩葉適量／白米90公克／量米杯約八分滿

調味料

起司粉1大匙未滿／鹽適量／披薩用起司適量

作法

用一大匙的油以中小火慢炒所有菇類，讓水分慢慢炒乾，撒上適量的鹽（約1/4小匙）續炒至略呈金黃色，再加入松子一起拌炒。最後加入150公克的水（一個量米杯）之後就熄火。將白米洗淨，加入起司粉和上述的所有材料和水分，輕微攪拌之後一起放到電鍋中蒸到九分熟，熟而不軟的樣子。或是將生米直接放入鍋中煮，要適時加以攪拌，以免黏鍋。蒸熟之後取出米飯，加入西洋芹嫩葉用飯匙翻動攪拌均勻，接著將飯移到烤盤上，撒上一層披薩用起司，以烤箱烤到金黃色即可。

給吃健康素的朋友：加上一瓣大蒜末與菇類共炒。

NOTE

一定要把菇類炒出微金黃的焦色才是最重要的美味關鍵點。

燉番茄花椰菜湯

材料

番茄1個，切片／白花椰菜約1/2朵／西洋芹1支，切小段／青豆少許／高湯2碗

作法

先用少許油在湯鍋中炒番茄，之後倒入高湯和清水一碗煮開，加入其他材料煮到軟即可用鹽調味。

油醋醬彩椒沙拉

材料

生菜適量／黃椒1/3個，切絲／紅椒1/3個，切絲／核桃或堅果數粒，切碎

調味料

特級橄欖油1小匙／紅酒醋或任一種水果醋1小匙／蜂蜜1/2小匙／黑胡椒粉少許／俄力岡與黑胡椒粉少許／鹽少許

作法

將材料擺盤淋上攪拌均勻的調味醬汁即可。

吃特別

素食的你我一定常常見到外面餐廳有許多目不暇己的料理變化，也老是聽到朋友們吆喝一起去吃燒肉，或一起去吃日本料理，總覺得素食好像受到限制，沒有那麼多種選擇。沒關係，外面沒賣可不代表素食就做不到變化，一個人吃飯也可以來做實驗，把素食變成不一樣的異國風味喔！

素食異國風

要做出西方風味就要有基本的香料，建議可以先從以下的香料入手，例如：月桂葉、巴西里、俄力岡、羅勒、匈牙利紅椒粉和百里香等等，這些香料的特色是用途廣，香味容易被台灣人接受。剛開始先用單一的香料入菜，一點一點去試香味，這就是練習使用香料的開始，通常分量只要一點點就非常有異國風！

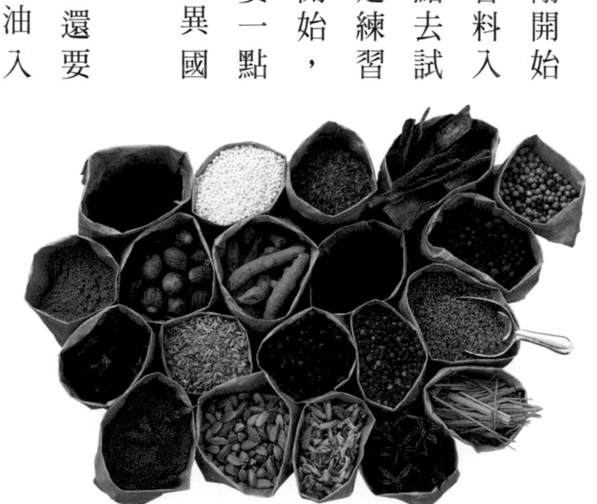

西式風味還要注意少用醬油入菜，多使用奶油或起司以及選擇西式的蔬果，西式常見的蔬果有番茄、綠花椰、蘑菇、西洋芹、馬鈴薯、青豆、玉米等等，做好的菜或湯撒上起司粉或黑胡椒粉，再加上西式的擺盤上桌，用盤子喝湯或刀叉吃飯，使用不一樣的餐具也會很有氣氛。

除了西洋風之外，日式料理的特色則是有較重的鹹味，較常使用醬油，食材的配料豐富，看起來乾淨清爽；韓式料理當然就是韓國辣椒粉，韓國辣椒顏色鮮紅可是辣的後作力不強，吞下之後嘴裡就不辣了，很適合怕辣的朋友來嘗試。另外南洋風使用檸檬香茅、南薑、檸檬葉、椰奶等等的香料，也可以少量的嘗試，試出自己最喜歡的香料分量。

主食的多變化

可以當主食的除了麵條和米飯之外，還有許多食材都適合當主食吃，因此變化很多，要做異國風的菜就更容易了，異國常見的其他主食如馬鈴薯、地瓜、玉米仁、無特殊調味的麵包、通心粉、各類義大利麵、燉豆子、年糕、三明治土司、麵粉做薄餅或糰子等等，都可以帶來不一樣的新鮮感。

烹調方式的不同

傳統中式的烹調法變化多端，有煎煮炒炸燉蒸等等，當然也適合用做異國菜。除此之外你也可以多用烤箱，用烤箱做菜完全不需特殊烹飪技巧，也無油煙的問題，因此很適合一個人下廚時使用。

用烤箱要留意烘烤食物時的水分會流失的很快，比較適合油脂含量較高的菜餚，否則容易把蔬果烤的焦硬。如果要將含水量較多的食物烤熟，要搭配使用鋁箔紙就能避免水分蒸發太快而變的又乾又硬。有些食材烤過之後氣味會大變身，例如：起司，而番茄、青椒、茄子、菇類等蔬果則需要在表面刷上油質和鹽分再烤，簡簡單單就是一道好菜！

辣炒韓式年糕

年糕的嚼勁與辣椒的熱情，
使這套餐點成為一種過癮的享受。

材料

白菜200公克，切絲／新鮮香菇2朵，切片／素火腿30公克，切絲／胡蘿蔔40公克，切小片／西洋芹1根，用手折斷去絲切成細條狀／韓式年糕或寧波年糕約300公克，洗淨，分開／高湯約2碗／白芝麻少許

調味料

果糖1小匙（也可用細砂糖取代）／細韓國辣椒粉1/2大匙／醬油1/4小匙／味醂1/4小匙（可不加）

作法

用適量的油先爆香香菇和素火腿絲，之後加入高湯和所有調味料和適量的鹽巴。加入年糕後要一直拌炒，否則年糕容易黏鍋，如果太乾就要再加一點水，確認年糕煮軟之後加入所有蔬菜一起炒。一邊拌炒到湯汁漸漸變成濃稠狀即可。

給吃健康素的朋友：先用約1/5個中型洋蔥炒香再加入其他爆香食材。

NOTE

1. 年糕要煮之前用冷水洗一下，一片片的分開，不要黏成一團就下鍋。
2. 韓國辣椒粉的辣味比較溫和不刺激而且顏色也較漂亮，請依自己喜好酌量使用。如果沒有，用中式的辣椒醬酌量使用也可。
3. 白菜也可換成高麗菜。整體調味上要甜一點比較好吃。
4. 吃辣辣的韓式料理最對味的就是搭配冰涼的低糖麥茶喔！

涼拌蒟蒻麵

材料

市售蒟蒻麵適量汆燙、小黃瓜絲少許、紅辣椒少許

調味醬

香菇素蠔油1/2小匙／細砂糖1/4小匙／芹菜末1大匙／鮮味露數滴／黑醋1/4小匙／香油適量

作法

將調味料拌好就可以倒在蒟蒻麵上攪拌食用，吃起來涼涼的和辣年糕很配。

NOTE

蒟蒻麵常見於超市的豆腐冷藏區附近。

蘑菇濃湯麵包餐

卡通裡常見的濃湯配麵包，是溫暖熟悉又陌生的吃法。

材料

A：蘑菇200公克，切片／馬鈴薯1/2個，切小丁／沙拉油約2大匙

B：奶油1小匙／麵粉1/2大匙／鮮奶1/2碗／清水2碗／青豆適量／月桂葉1片／匈牙利紅椒粉適量（可用黑胡椒取代）／市售歐式麵包，切塊

作法

材料A：熱好沙拉油之後加入蘑菇片和馬鈴薯與少許鹽乾炒到有微焦色之後盛起暫置一旁。

材料B：同一個炒鍋放入奶油融化之後加入麵粉拌炒，直到麵粉有香氣飄出，要不停攪拌以免燒焦。

接著加入清水，用湯杓把麵粉慢慢打散開來之後，加入月桂葉和青豆再倒入A一同煮滾約15分鐘。

加入鮮奶之後熄火，用鹽調味。取出月桂葉，撒上少許匈牙利紅椒粉或黑胡椒粉以麵包沾食濃湯即可。

給吃健康素的朋友：材料B中加入一瓣的大蒜末和奶油麵粉共炒。

NOTE

歐式麵包指的是低油脂，並且無特殊調味，表皮偏硬的乾麵包，新鮮的麵包可以吃得出天然麥香，越嚼越有味。

青醬沙拉

材料

分量隨意的材料：萵苣／四季豆，汆燙／小黃瓜片／胡蘿蔔絲／番茄

調味醬

九層塔葉約15公克／烤過的松子1/2大匙／橄欖油1大匙／起司粉1/2大匙／黑胡椒粉適量／鹽適量

作法

將調味醬放入果汁機中打成泥淋在沙拉上即可。

給吃健康素的朋友：調味醬中多加一瓣的大蒜末。

香料番茄豆子湯麵疙瘩

蘊含多樣精華的湯頭，
加上起司增添畫龍點睛的香味！

材料

A：麵粉滿1碗約140公克／清水約95cc／薑黃粉1/8小匙／太白粉2大匙／鹽1/4小匙

B：雞豆罐頭約1/3罐（又稱雪蓮子或鷹嘴豆）／青豆1大匙／切塊或切片的水煮番茄罐頭半罐，約200公克／西洋芹1根，去絲切段／蘑菇5至6朵約60至70公克，切片／高湯2至3碗／美生菜數片

調味料

俄力岡少許／起司粉適量和黑胡椒粉適量

作法

先將A全體融合均勻，要用手揉捏到不黏的麵糰狀態後，分成均等的大小，揉成約5元硬幣大小的小球狀之後，用叉子稍微壓扁滾一圈即可入滾水煮熟，之後盛起備用。

用少許油炒香蘑菇，加入高湯和番茄罐頭煮滾之後，加入剩餘的所有材料（美生菜除外）共煮約8分鐘即可加入俄力岡和鹽調味。熄火之後再加入美生菜，用餘熱燙熟即可。最後將煮熟的麵疙瘩和蔬菜湯盛到同一個碗裡即可食用。

給吃健康素的朋友：1/5個切塊洋蔥和蘑菇共炒。

NOTE

1. 罐頭雞豆已煮熟，使用起來較方便，但是太早放入共煮容易化掉。若是使用生的雞豆則要泡水一夜才容易煮軟。
2. 使用進口的切塊或整粒水煮番茄罐頭可以節省燉煮時間，而且酸味和顏色也較好。
3. 此配方的麵疙瘩吃起來會比較Q，如果喜歡較軟口感者可以多加一些水分，做成濃稠麵糊狀用湯匙舀入滾水中煮熟。以上兩者也可

以直接在蔬菜湯裡煮熟，只是蔬菜會煮的比較久，口感會更軟爛。

4. 薑黃粉又稱鬱金香粉，是咖哩主要的顏色來源，香氣特殊。這兩種在一般超市香料區都買的到。有關俄力岡香料的介紹請看p32。

水果杏仁奶酪沙拉

材料

適量的材料：奇異果／生菜／柳丁／蘋果／香蕉

調味醬

市售原味鮮奶酪1杯／果糖1/4小匙／杏仁露數滴（沒有也無妨）

作法

將水果切片後排列好，倒上攪拌均勻的杏仁奶酪即可。

fondue au Chocolat
fondue au Chocolat

輕起司暖鍋

清脆的蔬菜沾上香濃的恰到好處的起司醬，一個人吃也是大享受。

材料

鮮奶約半碗／清水約半碗／玉米粉1又1/2小匙／三明治用起司1片／披薩用起司約4至5大匙／鹽適量

建議的沾食材料：

主食類：堅果麵包／煎過的板豆腐／炸好的薯條／烤過的土司

生食類：西洋芹去絲折斷／小黃瓜／彩椒／番茄／生山藥

配菜類（需要燙熟）：蘑菇／玉米筍／花椰菜／四季豆／秋葵／茄子／茭白筍／竹筍／蘆筍／蓮藕

作法

先將鮮奶與玉米粉混合均勻。

用一小鍋放入半碗清水煮開之後，慢慢倒入上述的鮮奶共煮，仔細攪拌以免底部結塊，煮到四周開始冒小泡泡，全體有濃稠狀之後熄火。

加入兩種起司，用餘熱攪拌到融化即可，用鹽調整鹹淡。倒入淺碗中就可以沾食。

給吃健康素的朋友：加入一瓣切半的大蒜共煮。

NOTE

1. 隨著起司變涼微溫，會慢慢變的更濃稠狀，比較好沾食。
2. 用新鮮的蔬果沾食口感很棒，可以中和起司的濃味感。
3. 雖然已經大幅減少起司的用量，起司鍋的口味還是屬於比較濃郁的，因此適合喝清涼的飲品，例如茶類或帶點酸味的果汁都很適宜！如果喜歡更濃的起司則建議多加起司片。

豆油風味蔬菜燒

甜脆的蔬菜和溫潤的豆油，一起煎出燒燒的香味。

材料

A：麵粉1碗約140公克／水1/2碗約200公克／沙拉油1大匙／醬油1/4小匙

B：高麗菜約2至3片100公克／紅椒1/3個，切小丁／青豆1大匙／玉米粒1大匙／素火腿30公克，切小丁／醬油1/2小匙

調味料

無蛋沙拉醬／海苔粉和白芝麻適量

作法

材料A全體仔細攪拌均勻後放置一旁備用。

熱平底鍋，用適量的油先炒香素火腿，接著依序加入B中的紅椒、高麗菜、青豆和玉米粒一起炒香，加入少

許鹽和醬油炒好之後轉小火。

將事先攪拌好的A均勻的倒在平底鍋裡的蔬菜炒料上，仔細的讓所有的麵糊都將細縫填滿。小心的等到凝固之後，翻面續煎到表面呈金黃焦色即可。

食用前擠上無蛋沙拉醬和海苔粉即可。

給有吃蛋的朋友：在麵糊中打一個蛋會更好煎。

NOTE

材料A的麵糊要稍微稀一點才容易和炒好的蔬菜料拌合在一起。

牛蒡精華味噌湯

材料

牛蒡約1/3根，連皮洗淨切薄片／胡蘿蔔1/3條，切塊／海帶芽適量

調味料

味噌1大匙／醬油1小匙／芹菜末適量／香油適量

作法

先將3碗的清水加少許鹽煮開，切好牛蒡片就放入水中煮以免變黑。接著放入其他食材與味噌煮20分鐘，再滴上香油和芹菜末增加香味即可。

NOTE

牛蒡屬於耐儲放的根莖類，會變黑是因為含高量的鐵質接觸空氣而氧化，連皮一起食用營養更加完整喔！

南瓜精華通心粉湯

說不出的精美清甜味，
和通心粉串連成口感上的驚喜！

材料

奶油1小匙／熟南瓜連皮200公克／白花椰菜100公克／胡蘿蔔數片／蘑菇4至5朵切片／月桂葉2片／黑胡椒粉適量／清水2碗／牛奶1大匙／煮熟的通心粉1人份

作法

將熟南瓜取出瓜肉放入果汁機中備用（先不要攪打）。熱鍋把奶油融化，加入蘑菇片後撒鹽拌炒到有焦香味。接著加入水煮滾，放入白花椰菜、胡蘿蔔煮軟之後小心倒入果汁機中和南瓜打成滑順無顆粒的泥狀。打好的泥再倒回鍋子繼續加熱，加上月桂葉用中火滾上5分鐘，全部攪拌均勻用鹽調味加入牛奶，接著放入煮熟的通心粉即可。食用前撒上黑胡椒粉。

給吃健康素的朋友：用1大匙洋蔥末和蘑菇一起炒。

NOTE

月桂葉是很好用的香料，中西式的湯都適合，味道香醇，少許使用就能使湯頭有一種厚實感，卻又不會搶去主味，煮過之後就要取出不要泡在湯裡。

優格酪梨蔬菜盒

材料（分量隨意全切成片）

生菜／酪梨／小黃瓜／小番茄

調味醬

原味優格2大匙／酪梨約2片／檸檬汁1/2小匙／細砂糖1小匙

作法

將調味醬打成泥即可淋在蔬菜上。

焗烤豆皮千層飯

酸酸甜甜的飯和豆香味一起交疊，
淋上奶香醬汁再撒上起司烤出金黃色的幸福感。

材料

A：新鮮豆皮約2至3張／白飯1碗／番茄醬1大匙／芹菜碎20公克／青椒碎20公克／素火腿碎30公克

B：奶油10公克／麵粉1大匙／鮮奶50公克／水50公克／月桂葉1片（可不加）／披薩用起司適量

作法

將豆皮沖洗之後小心的攤開來，切成均等的大片狀備用。

熱好約1大匙的油先炒香素火腿之後加入芹菜與青椒，再加上番茄醬，轉小火後將白飯放入仔細炒散開來，撒一點鹽做調味即可熄火備用。

用湯匙將飯舀起放在有點深度的烤盤上鋪平，疊上豆皮，再鋪上飯，如此交錯直到烤盤約有八分高的滿度即是為A部分。

熱鍋將奶油融化之後，加入麵粉用小火翻炒到有香味飄出，變微黃色時，加入清水仔細攪散開來，會漸漸成為濃稠狀的麵糊，要注意一直攪拌，否則很容易燒焦。用鹽調味之後再加入鮮奶攪拌熄火即完成B部分。

將B淋在A上，最後撒上披薩用起司放入烤箱烤到呈金黃色即可出爐食用。

給吃健康素的朋友：洋蔥末約1小匙與青椒共炒。

NOTE

新鮮豆皮指的是沒有油炸過的嫩豆皮，買回先洗淨瀝乾後建議用冷凍的方式保存，因為豆皮非常容易酸敗。

螺旋通心粉沙拉

材料

適量的材料：熟的螺旋通心粉／番茄小丁／芹菜末／美生菜／中型馬鈴薯約1/3個，切小丁

調味醬

焗烤豆皮千層飯食譜中的材料B做成的白醬／九層塔葉數片，切碎／橄欖油少許

作法

用油將馬鈴薯小丁炒到焦黃色之後，加入煮熟的通心粉後就加鹽拌勻。

將白醬做好加入碎九層塔即可攪拌均勻。

田園風馬鈴薯沙拉餐

這是一套總類繁多又好吃好看好營養的新鮮聚會！

材料

A主餐材料：大型馬鈴薯1個，蒸熟搗成細泥／素火腿30公克，切細碎／玉米粒2大匙／綠花椰菜30公克，汆燙後切細碎／豆腐50公克，壓成泥／小番茄1/2個，切碎／西洋芹嫩葉少許，切細碎／鹽適量／奶油1小匙，融化／黑胡椒粉適量／美生菜葉數片／烤麵包兩片

B副餐材料：生菜絲／紫色高麗菜絲／豌豆芽／蘆筍，燙熟／烤過的杏仁／葡萄乾／無蛋沙拉醬2大匙／番茄醬1大匙／細砂糖1/4小匙／開水1大匙

作法

A：將所有材料混合攪拌在一起之後，用鹽調整鹹度即可食用，食用時搭配美生菜一起更加爽口。

B：將醬料攪拌均勻即可淋上食用。

NOTE

1. 馬鈴薯連皮泡在水裡蒸或在水裡煮熟，這樣內部比較潮濕，壓成泥速度快而且細緻。
2. 如有時間，素火腿略微爆香過會更好吃。使用顏色鮮紅的牛番茄比較好看。
3. 這道馬鈴薯沙拉夾在麵包裡一起吃會更有飽足感喔！

香芋水芹玉米仁粥

入口即化的甜芋和口感清脆的水芹，意外的為玉米粥加上滿分。

材料

玉米仁1/3量米杯約40公克／芋頭200公克，去皮切成約1.5公分小丁／蘿蔔乾1大匙，切細碎／薑絲1/2大匙／乾香菇1朵，泡開，切絲／水芹菜約半把切小段／清水2碗／白胡椒粉適量

作法

鍋中熱一大匙的油，爆香薑、蘿蔔乾和香菇之後，再加入鹽翻炒一下，加入2碗水，煮開後放入玉米仁共煮。用小火不時攪拌以免鍋底燒焦，煮約5分鐘後加入芋頭再煮到熟透成為糊粥狀，如果水分蒸發太多則加少許水。之後加上水芹菜和香油、白胡椒粉調味即可。

給吃健康素的朋友：多用2瓣紅蔥頭碎爆香即可。

NOTE

1. 玉米仁可以當成主食，吸水性強，可和白米共煮成飯。在超市乾貨穀物區可以見到。
2. 水芹菜不需要煮太久才能保持鮮脆口感。如果沒有也可以用其他蔬菜替代。

香煎薯片與綠花椰豆乾

材料

大型馬鈴薯約1/2個，橫切成0.4公分的薄片／綠花椰菜約1/3朵／五香豆乾約2至3塊，切絲

作法

用2大匙的油將薯片煎到兩面金黃色之後，用手指均勻的撒上鹽粒和黑胡椒粉後盛盤。剩下的油繼續加入豆乾絲炒香，再放入綠花椰菜，加上少許水炒到熟軟，一樣是用鹽和黑胡椒粉調味即可。

NOTE

薯片吃的時候會是軟的，又香又開胃，要記得切薄片才煎的好吃喔！

吃快速

下了班，飢腸轆轆地好不容易擠出大街上的車潮，想到還要繼續在廚房奮戰才有東西吃，實在就很無力。可是外食已經很膩，老是吃泡麵或隨便吃零食，總有一天會被人家笑吃素就是會營養不良，那怎麼成？每一個素食者都應該健健康康的當葷食者的楷模才行。

因此忙碌的時候就要利用市面上方便的現成品或半成品來加料，變化出美味的一餐，也可以自己製作半成品冰在冷凍庫中，留到趕時間的時候馬上拿出來解凍就可以吃飽了。

自製冷凍半成品

本書前面有許多菜色準備起來都很快速，例如p27鮮脆七味乾拌麵；也有適合一次多做一點，再把沒吃完的部分冰到冷凍庫裡保存；例如吃麵篇中，p22濃濃的紅燒湯湯頭，解凍之後口感完全不變，只要再下新的麵條就馬上可以吃了。還有p30當歸湯湯頭、p28泡菜味噌湯湯頭等等，只要是沒有青翠蔬菜的湯其實都可以冷凍，或先吃光青菜類的配料再冷凍湯底也是可以的。因此一人份的麵湯煮過頭變成兩人份並沒有關係，另一份可以密封冷凍保存到忙碌的時候再來享用。

吃飯篇中適合多做起來冷凍的醬料有：p41甜椒醬、p47脆口素滷肉飯（也可以加在麵條裡或做燙青菜的淋醬）、p56烤麩燒醬等等。吃特別篇中則是p66香料番茄豆子湯和p72南瓜精華通心粉湯，因為本來就是口感軟爛的綜合湯，所以冰凍過之後也沒關係。

利用市售的現成品

市售最好用的快速好食材首推土司，土司一買回來就能直接丟冷凍庫保存很久，要吃可以放在室溫回溫或直接用烤麵包機烤的香香酥酥的。除了當早餐很方便，還可以做成吃的飽飽的各種三明治，例如夾美生菜、小黃瓜、大黃瓜、番茄、素火腿、起司、素肉鬆、素肉片等等，以及做成簡易披薩，例如：用玉米、番茄片、素火腿、青椒等等，用番茄醬抹底放上蔬菜之後再撒上披薩用起司，好吃又好做的一餐就完成了。除了當正餐，土司更可以化身成甜點，例如塗上果醬，再放上新鮮水果切片，擠上一朵罐裝鮮奶油慕絲花，或在奶油花上再撒上玉米脆穀片，不但是好吃的新鮮點心還真的能吃飽喔！

除此之外，去逛逛超市冷凍櫃裡有什麼，常見有料理好的素菜、微波加熱就可以吃的餅、炒麵、炒飯、燉湯等等，食材日漸眾多，都可以當加料的好基底，讓忙碌沒空好好下廚的時候也不會吃得太寒酸。冷凍蔬菜也是忙碌時的好選擇，常見除了青豆、毛豆，還有綠花椰菜或胡蘿蔔等等的蔬菜，是很方便臨時拿來配色的好食材。

因為各地區超市進的貨品可能略有不同，以下這個單元就要舉出數個最常見的現成品來做超快速的加工，以及使用簡單常見或耐放的食材來做湯品或沙拉。下次你也可以發現自家附近超市裡也有方便利用的現成食品，動動腦也能變化個人的私房好菜喔！

焗烤素餃

材料

市售冷凍水餃約10粒／麵粉1大匙／奶油10公克／鮮奶50公克／水60公克／披薩用起司適量

作法

將水餃煮熟撈起，放入烤盤備用。

奶油放入平底鍋內融化，放入麵粉之後用小火拌炒到出現香味，倒入清水仔細將麵粉團攪散開來，煮到麵粉湯小滾之後熄火，加入鮮奶，用鹽調味。

將奶油糊醬汁均勻的淋在先前備好的水餃上，再撒上起司，放入烤箱中烤到起司呈金黃色後即可出爐食用。

NOTE

建議在素小吃攤或店家購買手工包的冷凍素餃子，皮比較厚，餡兒多而且新鮮，水煮也不會破皮，焗烤起來更是比機器做的冷凍素餃還要好吃好幾倍！

茄香雲彩湯

材料

番茄1個，切小片狀／新鮮香菇1朵，切片／原味嫩豆花約1/2碗／高湯2碗／芹菜1支，切小段

作法

用少許油在湯鍋中依序炒香香菇和番茄，香菇變金黃色，炒到番茄微爛，再加入高湯煮到滾。最後加入芹菜和豆花，用鹽調味即可。

香菜煎餅

簡單的抓餅變個身，
吃起來又是全新的感受！

材料

市售素食可用的冷凍抓餅或烙餅1張／香菜碎約1/2碗／高麗菜1大片，切碎／胡蘿蔔絲適量／甜辣醬適量

作法

將凍硬的餅退冰軟化。

把所有的菜碎混合平鋪在一半的餅皮上，撒上一點鹽，再用另一半合起來，像包餃子那樣，用手指沾水將封口壓合。

熱鍋裡加一點油，用中小火將餅兩面煎熟即可沾醬食用。

NOTE

芹菜、白菜等等的蔬菜都可以用，但要注意瀝乾水分再包入。

金針海帶芽湯

材料

市售素食紫菜湯湯包1包／木耳乾少許，泡開／金針花乾少許，泡開／薑絲適量

作法

把一碗的清水煮開後加入薑絲和木耳與金針花，再加入一包素紫菜湯煮滾，撒上香油後即可熄火食用。

蘿蔔糕清爽湯

像是昏黃燈光下的路邊攤美食，
一個人吃飽也喝足。

材料

市售素食蘿蔔糕約400公克／青江菜數棵／胡蘿蔔約1/4條／蘿蔔乾2大匙／乾香菇2朵，泡開，切絲／薑絲1小撮／芹菜末約1大匙／高湯3碗

作法

把蘿蔔糕切成一口可食用的大小。

先用一大匙油依序爆香蘿蔔乾、乾香菇和薑絲後，加入胡蘿蔔片再倒入高湯煮滾約5分鐘。加入蘿蔔糕後再次煮滾才放入青江菜燙熟後熄火，用鹽或少許醬油調味。

給吃健康素的朋友：用2瓣紅蔥頭碎一起爆香，最後也可以加上韭菜葉再熄火。

NOTE

蘿蔔糕本身已有鹹味和香味，所以湯頭不必放的太鹹，也不必把蘿蔔糕煮的太久。可隨意加入冰箱有的蔬菜共煮。

醬淋油豆腐與山藥

材料

油豆腐一份，汆燙，切塊／新鮮山藥適量，切薄片

調味料

素蠔油1大匙／辣豆瓣醬1/2大匙／細砂糖1/4小匙／開水1大匙／薑末1/2小匙／香油和香菜適量

作法

將調味料拌勻後再淋在油豆腐和山藥上。

NOTE

1. 山藥生吃口感滑脆無味，含有多種加熱後會喪失的營養素，所以生食較好，但要注意山藥去皮切片時很黏滑，動刀要格外小心。
2. 山藥很耐放，買回後包好可以冰很久，要吃時只需把最外層氧化變黑的表面去掉再把要吃的分量局部去皮即可。

咖哩香酥飯餃

簡單又快速的咖哩套餐，香酥鮮脆一樣也沒少。

材料

冷飯約1碗／咖哩粉1小匙／素火腿小丁約35公克／冷凍三色蔬菜適量／冷凍酥皮2張

作法

以小火熱1大匙油炒香素火腿丁和咖哩粉，再放入三色蔬菜和飯拌炒均勻，撒上少許鹽即可盛起備用。

將咖哩炒飯用湯匙移入放置室溫軟化的酥皮上，像包餃子那樣的將酥皮合起，封口處沾上少許水幫助黏合。放入預熱140度的烤箱中烤到酥皮發漲且呈金黃色即可出爐食用。

NOTE

市售的咖哩有兩種，一種是添加澱粉和油質的塊狀，適合做成濃稠咖哩醬汁，另一種則是原始的乾粉狀，適合乾炒或做湯，不會有濃稠感。

彩色小沙拉

材料

牛番茄約1個，切丁／小黃瓜1/2條，切丁／西洋芹1/2根，去絲切丁／青椒1/2切丁／美生菜數片

調味料

香菜末1大匙／檸檬汁1/4小匙／鹽1/4小匙／橄欖油1小匙／細砂糖1/4小匙

作法

將調味醬混合後倒入蔬菜丁中再攪拌均勻靜待出水即可。

給吃健康素的朋友：調味醬中多加1/2大匙的洋蔥末。

玉米濃湯燉飯

濃湯也可以變成飯來吃，香香濃濃又吃的飽飽。

材料

玉米醬罐頭約3/4罐／白飯1碗左右／冷凍青豆適量／嫩豆腐約半盒，切丁／奶油約1小匙

作法

用一湯鍋把約2碗的水煮滾之後倒入玉米醬罐頭煮開，接著放入青豆和嫩豆腐，再放入白飯和奶油攪拌散開來，需要常常攪拌以免黏鍋。最後用鹽和黑胡椒粉調味，等到再次煮滾即可熄火。

NOTE

1. 最好是用隔夜的冷飯來做，也不要煮太久，要粒粒分明，不是稀飯糊。
2. 另有一作法則是融化約2小匙的奶油後，加入1/2大匙的麵粉炒香微黃，加入半碗鮮奶和半碗清水將麵粉團攪散，煮開成為濃稠狀後再加入玉米醬，有月桂葉就加一片共煮。這樣做的玉米濃湯有餐廳裡的水準喔！

起司綠野沙拉

材料

綠花椰菜半朵，切成小朵／胡蘿蔔片適量

調味料

起司片3片／牛奶4大匙／黑胡椒粉適量

作法

將綠花椰菜和胡蘿蔔用鹽水燙熟之後擺盤放涼。

用單柄小鍋把牛奶小火加熱之後馬上放入撥碎的起司片攪拌到融化均勻即可離火，要小心鍋子底部燒焦。熄火之後用湯匙淋在花椰菜上，用黑胡椒粉提味即可。

華麗散壽司

涼爽的萵苣和醋飯非常順口，
配料變化多端又下飯，
炎炎盛夏也不怕食欲不開。

材料

剛煮好的白飯2碗／白醋1大匙／味醂1/2小匙／毛豆20公克／壽司豆皮適量，切絲、／小黃瓜絲20公克／豆萁絲適量／美生菜1至2大片，切絲／素肉鬆3至4大匙／海苔粉1小匙

作法

白飯趁熱加入白醋和味醂（可不加）充分的拌勻。接著拌入小黃瓜絲和美生菜絲，取一平盤，將菜飯鋪成薄薄一層，接著均勻的撒上其他材料即可食用。

NOTE

1. 白飯不要煮的太爛，要粒粒分明，拌飯時是小心的翻動，不要用力將飯粒壓碎。煮飯時可在清水中滴幾滴沙拉油，飯會煮的更透亮。
2. 素肉鬆要最後放，才能保持香酥的感覺。擠上沙拉醬一起吃也不錯喔！

南瓜豆腐味噌湯

材料

生南瓜連皮約150公克／西洋芹1/2根，去絲，切小段／味噌1大匙／嫩豆腐約1/2盒，切小丁／乾海帶芽1小撮

作法

南瓜切薄片之後連西洋芹和2碗的清水一同煮開再放入海帶芽，煮到南瓜熟軟化開。加入味噌打散之後再加入豆腐，再次煮滾即可。

鮮蔬卷心三明治

新鮮C配上高鐵高鈣的堅果米漿，
簡單卻又養分滿點！

材料

新鮮土司2至3片，去邊／大海苔1片／小黃瓜1條，切小長條／素火腿適量，切條／起司1片，切條／苜蓿芽適量／無蛋美乃滋適量

作法

先將包壽司用的海苔片剪成約4公分寬的長條狀備用。在桌面放上一片土司片，接著在中間放食材，最後擠上美乃滋再小心包捲起來，稍微按壓土司片會更加聚合，用刀快速的左右拉鋸將土司捲對切，最後用海苔片捲在外圍，封口處用少許沙拉醬幫助黏合。

NOTE

1. 使用新鮮的土司才會濕軟容易包捲，也可以選擇全麥的土司。
2. 這道三明治捲的鹹味來源是起司和素火腿，所以可以酌量增減。

堅果香米漿

材料

白飯1/2碗／黑芝麻粉1大匙／炒的花生12粒或花生醬1.5大匙、／烤過的加州杏仁或腰果3顆／果糖約1大匙／開水1.5碗

作法

把所有材料放入果汁機中，攪打至無顆粒感即可。濃淡甜度隨意。

NOTE

1. 用熟的黑芝麻或黑芝麻粉皆可，在超市的穀物乾貨區或香料區有售。
2. 花生醬在冰箱裡可以儲放很久，除了當土司抹醬之外，用來打香濃的米漿最是方便。

國家圖書館出版品預行編目資料

一個人的快樂蔬食餐 / 王舒俞著. -- 初版. --
新北市板橋區 :養沛文化, 2013.03
面； 公分. -- (自然食趣 ; 12)
ISBN 978-986-6247-68-2 (平裝)
1.素食 2.食譜
427.31　　　　　　102003518

【自然食趣】12
一個人的快樂蔬食餐

作　　者／王舒俞
總 編 輯／蔡麗玲
編　　輯／林昱彤・蔡毓玲・詹凱雲・劉蕙寧・李盈儀・黃璟安
攝　　影／王耀賢
美術設計／陳麗娜・徐碧霞・周盈汝
執行美術／鯨魚工作室
出 版 者／養沛文化館
發 行 者／雅書堂文化事業有限公司
郵政劃撥帳號／18225950
地　　址／新北市板橋區板新路206號3樓
電　　話／(02)8952-4078
傳　　真／(02)8952-4084
網　　址／www.elegantbooks.com.tw
電子郵件／elegant.books@msa.hinet.net

總 經 銷／朝日文化事業有限公司
進退貨地址／235新北市中和區橋安街15巷1號7樓
電　　話／Tel：02-2249-7714 傳真／Fax：02-2249-8715
2013年03月初版一刷　定價／240元

星馬地區總代理：諾文文化事業私人有限公司
新 加 坡／Novum Organum Publishing House (Pte) Ltd.
20 Old Toh Tuck Road, Singapore 597655.
TEL：65-6462-6141 FAX：65-6469-4043
馬來西亞／Novum Organum Publishing House (M) Sdn. Bhd.
No. 8, Jalan 7/118B, Desa Tun Razak,56000 Kuala Lumpur, Malaysia
TEL：603-9179-6333 FAX：603-9179-6060